LOLAS LUFTFAHRT

EINE FORSCHERGESCHICHTE

VON

OLE KÖNNECKE

VERLAG FRIEDRICH OETINGER · HAMBURG

Mehr von Lola, ihrem Großvater
und Kapitän von Schultz
in dem Bilderbuch

Lola und die Piraten
Eine Schummlergeschichte

Lithos: Gries GmbH, Ahrensburg
Herstellung: PROOST N. V., Turnhout
Printed in Belgium 1991

ISBN 3-7891-6757-6

PRINTED IN BELGIUM BY proost INTERNATIONAL BOOK PRODUCTION

„Merkwürdige Leute sind heute unterwegs", dachte Lola, als sie um die Ecke kam. „Merkwürdige Leute mit merkwürdigen Sachen."

Weil alle in eine Richtung gingen, ging Lola in die andere – denn sie wollte wissen, woher die Leute kamen.

Lola war noch nicht lange gegangen, als sie das Museum sah.

Auf der Treppe vor dem Museum stand ein Mann in Reisekleidung. Der Mann schaute Lola an und sagte: „Du kommst zu spät, es ist kaum noch etwas da."

„Kaum noch etwas da? Wovon denn?" fragte Lola.

„Na, von den Ausstellungsstücken im Museum", sagte der Mann. „Ich bin der Museumsdirektor, und ich habe fast alles verkauft."

„Warum denn das?"

„Weil ich das Museum schließe, darum. Weil ich keine Lust mehr habe, Museumsdirektor zu sein. Das bin ich dreißig Jahre gewesen, jetzt macht es mir keinen Spaß mehr. Ich werde auf eine Forschungsreise gehen, das finde ich spannend."

„Und jetzt ist alles verkauft?"

„Tja, beinahe alles. Eine Sache bin ich einfach nicht losgeworden ~~"

„Und was für eine Sache ist das?" fragte Lola.

„Komm mit", sagte der Direktor, „ich zeige sie dir."

Lola und der Direktor gingen durch das leere Museum. Dann kamen sie in einen großen Saal, und der Direktor machte ein finsteres Gesicht.

„Alles bin ich losgeworden", sagte er, „nur dieses dumme Luftschiff will niemand haben. Sehr ärgerlich."

„Ein Luftschiff!" rief Lola. „Ich habe mir schon immer ein Luftschiff gewünscht!"

„Ist das dein Ernst? Gut, ich schenke es dir. Dann kann ich endlich das Museum schließen und forschen gehen."

Der Direktor zog an einem Hebel, und in der Decke öffnete sich eine große Klappe.

„Das ist der Ausgang für Luftschiffe. Auf Wiedersehen." Der Direktor verbeugte sich und ging davon.

„Was jetzt?" überlegte Lola, als sie allein war. „Zu Hause ist es zu eng für so ein großes Luftschiff ~~~ Am besten, ich fliege zu Großvater und Großmutter an die Küste, da ist mehr Platz."

Und Lola setzte sich in das Luftschiff und flog davon.

Zur gleichen Zeit saßen Großvater und Kapitän von Schultz auf der Veranda und spielten Dame.

Weißt du was, Kapitän", sagte Großvater, „ich habe eigentlich gar keine Lust mehr zu spielen."

Ich auch nicht", sagte Kapitän von Schultz. „Ich habe zu überhaupt nichts mehr Lust, Oskar. Seit ich die Seeräuberei aufgegeben habe, ist alles so langweilig geworden ~~"

Tjaja, so ist das, wenn man alt wird ~~"

Tjaja, so ist das wohl ~~"

Und nie passiert etwas Spannendes ~~"

„Angenehm, ein Luftschiff zu fliegen“, sagte Lola. „Es läßt sich leicht steuern, und der Motor ist so leise, daß man ihn kaum hört.“

Sie landete auf der Wiese hinter dem Haus und ging zur Küchentür hinein. Am Küchentisch saßen Großmutter und der Postbote und tranken Kaffee.

„Guten Tag, Lola, nett, dich zu sehen“, sagte Großmutter.

„Guten Tag, Lola“, sagte der Postbote. „Ich habe einen Brief für deinen Großvater mitgebracht. Darauf steht **EILT**. Jetzt warte ich darauf, daß er zu uns in die Küche kommt, damit ich ihm den Brief sofort geben kann.“

„Soll ich ihm den Brief bringen?“ fragte Lola.

„Das wäre nett“, sagte der Postbote. „Dann kann ich noch in Ruhe eine zweite Tasse Kaffee trinken und muß mich nicht so beeilen.“

Lola nahm den Brief und ging auf die Veranda.

„Hallo, Großvater, hallo, Kapitän", sagte sie. „Ich habe Post mitgebracht."

„Her damit", sagte Großvater und nahm den Brief. „Oh, das ist von meinem alten Freund Alfredson, dem Forscher. Mal sehen, was er schreibt ~~"

FORSCHERHÜTTE,
MONTAG VOR ZWEI TAGEN

LIEBER OSKAR,

VIELEN DANK FÜR DAS BUCH, DAS DU MIR ZU MEINEM GEBURTSTAG GESCHICKT HAST. LEIDER HABE ICH AUS VERSEHEN DIE LETZTEN ZWEI SEITEN HERAUSGERISSEN, UM DAMIT DAS FEUER IM OFEN ANZUZÜNDEN. JETZT WEISS ICH NICHT, WER DER MÖRDER IST. KÖNNTEST DU MIR VIELLEICHT DAS BUCH NOCH EINMAL SCHICKEN, DAMIT ICH ES ZU ENDE LESEN KANN?

DEIN ALTER FREUND

Alfredson, der Forscher.

PS: ICH GLAUBE, ES WAR DER LÖWENBÄNDIGER. ES KANN ABER AUCH DER NEFFE DER GRÄFIN GEWESEN SEIN. A.

„Der gute Alfredson", sagte Großvater. „Er lebt seit dreißig Jahren allein in seiner Forscherhütte in den Bergen und forscht. Jedes Jahr schicke ich ihm zum Geburtstag ein Buch, damit er sich nicht langweilt."

„Warum hast du ihn denn nie besucht?" fragte Lola.

„Weil Alfredson in den Bergen wohnt, und Oskar wohnt am Meer. Wie soll er ihn da besuchen können, du dummes Kind!" sagte Kapitän von Schultz.

„Wir könnten hinfliegen", sagte Lola. „Draußen auf der Wiese steht mein Luftschiff."

„Das ist eine gute Idee", sagte Großvater. „Ich habe noch nie eine Luftfahrt gemacht. Was meinst du, Kapitän?"

„Kommt überhaupt nicht in Frage", sagte Kapitän von Schultz. „Ich bin Seemann, was soll ich in einem albernen Luftschiff?!"

„Aber ein Luftschiff ist doch auch eine Art Schiff", sagte Lola. „Und wenn wir unterwegs in einen Sturm geraten, wirst du bestimmt seekrank, genau wie auf einem richtigen Schiff."

„Ich werde **NIE** seekrank!" rief Kapitän von Schultz entrüstet.

„Dann kannst du ja auch mitkommen", sagte Großvater.

„Und <u>ob</u> ich mitkomme!" sagte Kapitän von Schultz. „Ich und seekrank! **HA!!**"

Als sie sich für die Reise fertig gemacht hatten, ging Großvater zu Großmutter und fragte: „Wir besuchen Alfredson. Willst du mitkommen?"

„Nein", antwortete Großmutter, „ich bleibe lieber hier. Morgen kommt wieder der Postbote zum Kaffee vorbei, der erzählt immer so lustige Geschichten über die Nachbarn. Aber grüß Alfredson von mir."

„Das mache ich", sagte Großvater.

Dann flogen sie los.

Kapitän von Schultz lehnte sich aus der Gondel und schaute hinunter.
„Das sind also die Berge", sagte er. „Naja, ich habe mal einen Sturm erlebt, da gingen die Wellen so hoch — wenn diese Berge hier gesehen hätten, wie hoch die Wellen waren, wären sie glatt vor Scham im Erdboden versunken. Über diese Hügel hier kann ich nur lachen."
Aber der Kapitän lachte nicht.

„Jetzt müßten wir bald da sein", sagte Großvater. „Der Berg da vorne könnte es sein."

„Da steht ein kleines Haus auf dem Berg", sagte Lola.

„Das ist Alfredsons Forscherhütte. Also sind wir hier richtig."

Etwas unterhalb der Forscherhütte konnte Lola einen Felsvorsprung sehen. Er war klein, aber zum Landen reichte der Platz.

Kapitän von Schultz stellte sich vorsichtig an den Rand.

„Ich möchte mal wissen, was es hier zu forschen gibt ~~"

Langsam kletterten sie den Berg hinauf. Es war kalt und windig.

„Hoffentlich gibt es da oben eine Heizung", sagte Kapitän von Schultz.

„Siehst du nicht den Schornstein rauchen, Kapitän?" sagte Großvater. „Wahrscheinlich hat Alfredson uns kommen sehn und schon Kaffeewasser aufgesetzt."

„Tee mit Rum wäre mir lieber", sagte Kapitän von Schultz.

„Ich möchte ein Glas Saft", sagte Lola.

Jetzt waren sie bei der Forscherhütte angekommen.

Großvater holte das spannende Buch hervor und klopfte an die Tür.

„Herein, es ist offen", rief eine Stimme von drinnen.

„Guten Tag, Alfredson", sagte Großvater, „lange nicht gesehen."

„Das kann man wohl sagen", antwortete Alfredson, nahm das Buch und gab Großvater die Hand. „Ich habe dich jedenfalls bestimmt dreißig Jahre lang nicht gesehen."

„Und ich habe dich auch dreißig Jahre lang nicht gesehen", sagte Großvater.

„Jaja, so kann es gehen im Leben", sagte Alfredson. „Möchte jemand eine Tasse Kaffee haben?"

„Tee mit Rum wäre mir lieber", sagte Kapitän von Schultz.

„Ich möchte ein Glas Saft", sagte Lola.

Nachdem sie etwas getrunken hatten, stand Alfredson vom Tisch auf und holte ein großes Fernrohr hervor.

„Kommt mit nach draußen", sagte er, „dann werde ich euch etwas Interessantes zeigen."

Sie begannen, einen schmalen Pfad hochzusteigen. Je höher sie kamen, desto kälter wurde es.

„So, da wären wir", sagte Alfredson endlich. „Jetzt zeige ich euch, womit ich mich die letzten dreißig Jahre beschäftigt habe."

Er stellte das Fernrohr auf, drehte ein bißchen daran herum und sagte dann zu Lola: „Komm mal her und guck durchs Fernrohr, Lola. Was siehst du?"

„Da ist ein Berg", sagte Lola, „ein ziemlich großer und dunkler Berg."

„Genau", sagte Alfredson. „Fällt dir etwas an dem Berg auf?"

„Nichts Besonderes", sagte Lola. Sie fand es ein bißchen langweilig, hier oben zu stehen und sich einen Berg anzusehen. Aber um höflich zu sein, schaute sie noch etwas länger durchs Fernrohr.

Und plötzlich rief sie:

„Oh, jetzt sehe ich etwas! Da kommt Rauch aus dem Berg! Der Berg raucht!"

„Genau", sagte Alfredson. „Das wollte ich euch zeigen. Seit dreißig Jahren beobachte ich tagein, tagaus diesen Berg. Mal raucht er mehrere Tage lang ohne Pause, dann raucht er wieder nicht, dann fängt er wieder an ~~ es ist sehr geheimnisvoll und sehr interessant."

„Oh, jetzt hat der Rauch aufgehört", sagte Lola.

„Genau", sagte Alfredson. „Mal raucht er, mal nicht ~~ aber jetzt sollten wir wieder nach unten gehen, wir haben alles gesehen, und ich möchte den Ofen nicht ausgehen lassen ~~"

Und woher kommt dieser Rauch?" fragte Großvater.

„Das versuche ich eben herauszufinden", sagte Alfredson. „Ich habe verschiedene Theorien entwickelt.
Die einfachste Erklärung ist natürlich: Der Berg ist ein Vulkan. Aber hier in der Gegend gibt es keine Vulkane.
Eine andere Möglichkeit: Auf dem Berg wohnt ein feuerspeiender Drache.
Leider hat auch diese Theorie eine kleine Schwäche."

„Welche?" fragte Großvater.

„Es gibt keine Drachen. Drachen sind bekanntlich eine Erfindung. Ich persönlich bedaure das sehr."

„Vielleicht stammt der Rauch von einer Lokomotive", sagte Großvater.

„Auf einem Berg gibt es keine Lokomotiven", sagte Kapitän von Schultz.

„Stimmt", sagte Großvater, „das war dumm von mir. Aber irgendeine Erklärung muß es doch geben."

„Gibt es vielleicht Dampfschiffe hier in der Gegend?" fragte Kapitän von Schultz.

Großvater und Alfredson sahen ihn an und schüttelten die Köpfe.

„Schade", sagte Kapitän von Schultz.

Lola gähnte.

„Ich glaube, ich mache mal einen kleinen Rundflug", sagte sie.

„Paß aber auf, daß du dem rauchenden Berg nicht zu nahe kommst", sagte Alfredson. „Ich habe die Drachen-Theorie noch nicht endgültig verworfen."

„Ich paß schon auf", sagte Lola.

Der Wind wehte kalt, und die Wolken am Himmel waren dunkler geworden ~
„Aber einen kleinen Rundflug kann ich ja noch machen", dachte Lola und stieg in die Gondel.
„Merkwürdig – das Luftschiff läßt sich gar nicht mehr so leicht lenken. Das muß am Wind liegen ~"
Und aus dem Wind wurde ein Sturm.
Und der Sturm blies das Luftschiff in eine Richtung, die Lola überhaupt nicht gefiel ~
„O weh, ich fliege auf den rauchenden Berg zu!"

Der Wind blies immer stärker, und der Berg kam immer näher.
„Jetzt muß ich den Kurs ändern, sonst fliege ich direkt gegen den Berg !!"
Mit aller Kraft drehte Lola am Ruder ~
~ und in einer eleganten Kurve flog das Luftschiff um den rauchenden Berg herum.

Im Windschatten des rauchenden Berges ließ sich das Luftschiff wieder mühelos lenken.

Lola schaute sich den Berg genau an und dachte: „Vielleicht sehe ich ja doch einen Drachen ~~"

Aber statt dessen sah sie eine kleine Hütte, die ein paar Meter unterhalb des Gipfels stand. Und aus dem Schornstein der Hütte kam Rauch.

„**OHO!**" rief Lola.

Guten Tag, ich heiße Lola", sagte Lola.

„Guten Tag, Lola", sagte der Mann, der an einem Schreibtisch saß. „Ich heiße Herbert, ich bin Forscher."

„Aha", sagte Lola.

Genau", sagte Herbert. „Seit dreißig Jahren erforsche ich das Rätsel des rauchenden Berges. Das ist der Berg gegenüber, aus dessen Spitze manchmal Rauch aufsteigt. Sehr interessant. Ich habe verschiedene Theorien entwickelt, wie es zu dieser unregelmäßigen Rauchentwicklung kommt. Es könnte sich um einen Vulkan handeln, vielleicht auch um einen feuerspeienden Drachen."

„Hast du Lust, einen Ausflug in meinem Luftschiff zu machen?" fragte Lola.

Eigentlich müßte ich ja forschen", sagte Herbert. „Aber eine halbe Stunde könnte ich opfern."

„Moment mal, Lola", sagte Herbert, als er in der Gondel saß. „Du willst doch nicht etwa zum rauchenden Berg fliegen?"

„Genau", sagte Lola.

„O weh!" rief Herbert. „Und wenn auf dem rauchenden Berg nun ein feuerspeiender Drache sitzt?!"

Dann hielt er sich die Hände vors Gesicht.

Als Lola gelandet war, sagte sie: „Jetzt sind wir da."

„Auf dem rauchenden Berg? Das muß ich mir unbedingt ansehen", sagte Herbert und nahm die Hände vom Gesicht. „Aber – da steht ja eine Hütte!" rief er. „Wieso steht denn da eine Hütte?!"

„Komm mit", sagte Lola. Und sie gingen hinauf zur Hütte.

Lola öffnete die Tür.

„Ich habe Besuch mitgebracht", sagte sie.

Alfredson schaute von seinen Papieren auf. In der Tür stand Herbert.

„HERBERT!" rief Alfredson.

„ALFREDSON!" rief Herbert.

Die beiden Forscher rannten aufeinander zu, umarmten sich und tanzten durchs Zimmer.

„Ich glaube, die kennen sich schon", sagte Großvater.

„Natürlich kennen wir uns!" rief Alfredson. „Wir haben zusammen studiert!"

„Genau!" rief Herbert. „Und als wir damit fertig waren, wollten wir zusammen auf Forschungsfahrt in die Berge reisen."

„Leider haben wir uns irgendwie am Bahnhof verpaßt, darum bin ich alleine gefahren", sagte Alfredson.

„Und ich bin auch alleine gefahren", sagte Herbert.

„Und das war vor dreißig Jahren", sagte Alfredson.

„Und seit dreißig Jahren sitze ich drüben auf meinem Berg und beobachte den Rauch aus deinem Schornstein! So was Dummes!" rief Herbert.

„Und ich sitze seit dreißig Jahren hier und beobachte den Rauch aus deinem Schornstein! So was Albernes!" rief Alfredson.

„Aber jetzt haben wir uns getroffen und können endlich zusammen forschen", sagte Herbert.

Und sie fingen wieder mit ihrem Tänzchen an.

Aber plötzlich blieben die beiden Forscher stehen.

„Da fällt mir eben etwas ganz Fürchterliches ein", sagte Alfredson.

„Mir auch", sagte Herbert. „Wir haben ja gar nichts mehr zu erforschen!"

„Jetzt werde ich traurig", sagte Alfredson.

„Ich auch", sagte Herbert.

Dann fingen die beiden an zu weinen.

Lola ging leise zur Tür hinaus.

Langsam ging Lola den Pfad zum Gipfel hinauf. Sie setzte sich auf einen Stein und seufzte.
„Jetzt raucht der rauchende Berg nicht mehr ~~ ist ja klar, Herberts Ofen ist natürlich ausgegangen ~~ Das war wohl keine besonders gute Idee von mir, Herbert hierher zu bringen ~~ die beiden haben doch so gerne geforscht ~~"

Lola stand auf und ging hin und her und schaute in die Ferne.

Plötzlich blieb sie stehen.

„Was ist denn das? Das kann doch nicht wahr sein?!"

Lola rieb sich die Augen, guckte noch einmal hin —

und dann rannte sie den Pfad hinunter —

riß die Tür auf und rief:

„ICH HABE EINEN NEUEN RAUCHENDEN BERG ENTDECKT!!"

„Was sagst du da?!" riefen Alfredson und Herbert und Großvater und Kapitän von Schultz und rannten an Lola vorbei hinauf zum Gipfel.

„Tatsächlich", sagte Alfredson, als sie oben angekommen waren, „ein völlig neuer rauchender Berg! Wie mag dieser Rauch entstehen?"

„Gute Frage", sagte Herbert. „Vielleicht ist es ein Vulkan?"

„Hier in der Gegend gibt es keine Vulkane. Aber vielleicht sitzt auf dem Berg ein feuerspeiender Drache!"

„Drachen gibt es nicht. Sehr geheimnisvoll, diese Rauchentwicklung. Das muß unbedingt erforscht werden."

„Genau", sagte Alfredson. „Gleich morgen früh fangen wir an, was meinst du, Herbert?"

„Genau", sagte Herbert. „Zu zweit macht das Forschen viel mehr Spaß, und außerdem geht es doppelt so schnell."

Am nächsten Morgen verabschiedeten sich Großvater und Kapitän von Schultz und Lola von den beiden Forschern.

Alfredson und Herbert waren so beschäftigt, daß sie kaum „Auf Wiedersehen" sagten.

„So!" sagte Lola, nachdem sie gestartet waren. „Und jetzt schauen wir uns den neuen rauchenden Berg an!"

„Aber Lola", sagte Großvater, „vielleicht ist es ja diesmal wirklich ein Drache ~~"

„Ach was", sagte Lola und steuerte das Luftschiff in einem eleganten Bogen um die Spitze des Berges herum.

„HA!" rief sie.
Auf der Rückseite des neuen rauchenden Berges stand eine kleine Hütte. Und vor der Hütte stand der Museumsdirektor.
„Was machst du denn hier?" fragte Lola.
„Ich forsche", antwortete der Museumsdirektor. „Seht ihr den Berg da hinten? Aus der Spitze steigt manchmal Rauch auf. Sehr interessant. Wißt ihr, ich habe mich dreißig Jahre gelangweilt, jetzt habe ich endlich Spaß. Aber das versteht ihr vielleicht nicht, weil ihr keine Wissenschaftler seid. Oder habt ihr etwa eine Idee, woher der Rauch stammt?"

Ich weiß, woher der Rauch kommt!" rief Lola. „Der Rauch kommt aus —" Dann hörte sie auf zu reden, denn Großvater hatte sie gegen das Schienbein getreten.

Keine Ahnung, woher der Rauch kommt", sagte Großvater.

„Schließlich sind wir keine Wissenschaftler", sagte Kapitän von Schultz.

Genau", sagte der Direktor, „das ist der Unterschied. Ich werde jetzt den Berg beobachten, bis ich das Rätsel gelöst habe."

Viel Spaß", sagte Lola. Und dann winkten sie und flogen davon.

Ich glaube, ich werde dem Direktor zu Weihnachten ein spannendes Buch schicken", sagte Großvater.